Automatische Ausschalter. Zeitschalter, Überwachungs- und Wiedereinschaltfunktionen

Franz Zantis

Bibliografische Information der Deutschen Nationalbibliothek:

Die Deutsche Nationalbibliothek verzeichnet diese Publikation in der Deutschen Nationalbibliografie; detaillierte bibliografische Daten sind im Internet über http://dnb.d-nb.de abrufbar.

ISBN: 9783389039823
Dieses Buch ist auch als E-Book erhältlich.

Trappentreustraße 1
80339 München

Druck und Bindung: Books on Demand GmbH, Norderstedt Germany
Gedruckt auf säurefreiem Papier aus verantwortungsvollen Quellen

Das Buch bei GRIN: https://www.grin.com/document/1481632

Automatische Ausschalter

Stand: 24. Juni 2024

Franz Peter Zantis

Inhaltsverzeichnis

1. Motivation und Konzept

Die guten, einfachen, unverwüstlichen mechanischen Count-Down-Schalter mit Spiralfeder und Drehknopf sind verschwunden. Es gab sie vor langer Zeit in rein mechanischer Ausführung. Supereinfach zu bedienen: man drehte an einem Knebel (das einzige Bedienelement) und stellte damit die Ablaufzeit ein. Gleichzeitig wurde eine Feder aufgezogen. Der Verbraucher wurde eingeschaltet, die Feder entspannte sich kontrolliert und nach Ablauf der Zeit wurde der Kontakt wieder geöffnet und der Verbraucher ausgeschaltet. Diese zuverlässigen, robusten und supereinfach zu bedienenden Geräte sind verschwunden. Stattdessen werden heute hochkomplexe Zeitschaltuhren mit 100-Seiten-Handbuch im Internet als pdf-Datei offeriert. Nach intensivem Suchen habe ich noch einen mechanischen Count-Down-Schalter aus China gefunden. Allerdings hielt dieser nur wenige Wochen. Dann öffnete sich der Kontakt nicht mehr.
Mechanische Konstruktionen sind für die meisten Elektroniker eher abschreckend. Ich habe deshalb einen Automatischen Ausschalter auf Basis eines Mikrocontrollers entworfen - der aber trotzdem auch von Laien ohne jede Anleitung zu bedienen ist.

Drei der damit umgesetzten Projekte beschreibe ich in diesem Aufsatz. Alle drei Projekte basieren auf der in [1] beschriebenen Platine "Spannungsüberwachung". Man muss nicht zwingend diese Platine verwenden. Es ist auch möglich die gesamte Schaltung von Grund auf in anderer Form aufzubauen.
Hier nun erst einmal einen Überblick über die drei Projekte. Anschließend folgt die detaillierte Beschreibung der Umsetzung.

1.1 Weihnachts-Dekoration

Zur Weihnachtszeit tauchen plötzlich überall leuchtende Dekorationen auf. Heute sind diese mit LEDs ausgestattet und benötigen entsprechend wenig Energie. Auch die Haltbarkeit der LEDs ist (bei entsprechender Fertigung) erfahrungsgemäß größer als bei Glühlämpchen. Das die LEDs sehr künstliches, synthetisches Licht erzeugen, welches mit viel Chemie aus nur zwei oder drei Grundfarben zusammengemischt wird [5], spielt in diesem Fall keine besondere Rolle. Die Lichtleistung ist gering und das Licht ist zur Dekoration - nicht zum darunter arbeiten gedacht.
Auch wenn nur wenig Energie für den Betrieb der Lichterketten erforderlich ist muss diese nicht permanent in Betrieb sein. Sie soll sich automatisch nach 3 Stunden abschalten. Damit wird dann auch die Energieversorgung aus Batterien sinnvoll und der Einsatzort ist nicht mehr von einer in Nähe befindlichen Steckdose abhängig.

1.2 Ausschalter für den Heizkörper im Badezimmer

Dann gibt es in unserer Wohngemeinschaft im Badezimmer einen elektrisch betriebenen Zusatz-Heizkörper. Dieser wurde (wie oben schon beschrieben) mit dem mechanischen Zeitschalter aus China betrieben. Nach dem Ausfall dieses Zeitschalters musste eine robustere Lösung her. Dafür habe ich auf Basis des Projektes aus Abschnitt 1.1 einen elektronischen Zeitschalter entworfen. Dieser wird auf Tastendruck eingeschaltet und er schaltet sich nach wahlweise 25 Minuten oder 50 Minuten automatisch ab.

1.3 Reset für die Regenwasserpumpe

Ein weiteres Einsatzfeld ergab sich für die Regenwasserpumpe in unserer Wohngemeinschaft. Dabei handelt es sich um eine komplexe Anlage, die Regenwasser aus der im Garten befindlichen Zisterne entnimmt und für die Spülung der Toiletten, für die Waschmaschine und für die Gartenbewässerung bereitstellt. Die Steuerung der Wasserpumpe stellt einmal im Monat auf Frischwasserversorgung um. Dieser Zustand bleibt dann einige Tage erhalten. Auch wenn noch Wasser in der Zisterne vorhanden ist. Diese Umschaltung ist unnötig. Um sie zu verhindern und das wertvolle Trinkwasser zu schonen starte ich die Pumpenanlage einmal im Monat neu. Das heißt, ich gehe in den Keller und schalte sie mit dem Hauptschalter aus, warte

eine Minute und schalte sie wieder ein. Dieser Reset ist brachial - funktioniert aber tadellos und man kann ihn automatisieren.
Um Rückfragen vorzubeugen: die Steuerung ist von der Firma UWO. Diese Firma hat es abgelehnt mir technische Unterlagen zur Verfügung zu stellen. Ansonsten hätte ich sicher eine weniger brachiale Lösung gefunden den Reset auszulösen.

1.4 Counter für Glaukom-Tropfen oder Zähneputzen

Wer an Glaukom erkrankt ist muss in der Regel täglich die Augen mit einem Medikament tropfen. Dieses soll den Augeninnendruck absenken [6]. Nach dem eingeben des Tropfen müssen die Augen mit aufgelegten Zeigerfingern für die Dauer von zwei Minuten geschlossen gehalten werden.
Die Frage ist, wie lang sind zwei Minuten? Dieses Gerät weiß es und es hat nur eine Starttaste. Nach dem Betätigen der Starttaste läuft der Countdown. Alle 15 Sekunden gibt es einen kurzen Beepton. Nach Ablauf der zwei Minuten geht das Gerät wieder in Warteposition.
Das Gerät eignet sich natürlich auch für die Kontrolle der Dauer des Zähneputzens. Zwei Minuten sollten es mindestens sein [7].

2. Weihnachts-Dekoration

Bild 2.1: Weihnachtsbeleuchtung mit selbstabschaltender Akkumulator-Versorgung.

In der Weihnachtszeit 2022 tauchte eine LED-Lichterkette auf. Diese besteht aus 10 LEDs in Stern-Optik und einem Batteriehalter für 2 Mignonzellen. Den technischen Angaben ist zu entnehmen, dass 10 LEDs parallel geschaltet sind. Jede LED nimmt einen Strom von *20 mA* auf - also fließen insgesamt *200 mA*. Zwei AA-Batterien sind deshalb schnell erschöpft. Akkumulatoren kann man nicht verwenden, da die Gefahr der Tiefentladung besteht [8].
Die Idee ist es, einen automatischen Ausschalter zu bauen, der auf Tastendruck startet, die Beleuchtung einschaltet und nach 3 Stunden automatisch sowohl die Beleuchtung als auch sich selbst wieder ausschaltet. Der Betrieb soll mit handelsüblichen Akkumulatoren (NiMH) erfolgen. Deshalb muss der automatische Ausschalter neben der eigentlichen Funktion des Ausschaltens auch den Zustand der Akkumulatoren überwachen. Dann bietet es sich an, statt Akkumulatoren der Baugröße AA (Mignon) solche der Baugröße C (Baby) einzusetzen. NiMH-Akkumulatoren der Baugröße C haben eine typische Kapazität von *4000 mAh*.

2.1 Schaltung

Bild 2.2 zeigt den Schaltplan. Mit der Taste S1 wird die Spannung der Akkumulatoren auf den Spannungsregler U1 gelegt. Dieser speist den Mikrocontroller IC1. Der Mikrocontroller "erwacht" und schaltet über den Transistor T2 den Transistor T1 ein, der den Taster überbrückt. Dieser Zustand bleibt nun für drei Stunden erhalten. Nach Ablauf der Zeit sperrt der Mikrocontroller den Transistor T2 und damit auch T1. Die Schaltung erhält keine Spannung mehr und ist somit außer Betrieb.

In [1] habe ich im Kapitel 2 eine Spannungsüberwachung auf Basis des Mikrocontrollers MSP430F2013 beschrieben. Diese kommt zur Anwendung. Es handelt sich um den im Bild 2.2 umrahmten Teil. Allerdings wurde die Diode D1 (aus [1], Kapitel 2) entfernt und J2 durch einen einfachen 3-fach-Pfostenstift ersetzt. Die zu messende Spannung wird über K9 erfasst. Zusätzlich zur Überwachung der Akkuspannung arbeitet die Baugruppe nun auch als Abschaltautomat.
Da die "Spannungsüberwachung" eine Versorgungsspannung von *3,3 V* benötigt ist U1 vorgesehen. Der verwendete Typ ist ein Low-Drop-Festspannungsregler. Low-Drop ist hier Pflicht, da bis kurz vor Erreichen der Entladeschlussspannung die Spannung an den Akkumulatoren nur noch $U_{batt} = 4\ V$ beträgt.

Der "Verbraucher" in Form der Lichterkette ist über einen Serienwiderstand von *10 Ω* (R8) hinter dem Taster S1 angeschlossen. Dieser ist notwendig, da die frisch geladenen Akkumulatoren zusammen eine Spannung von *4,8 V* aufbringen. Das sind *1,8 V* mehr als vom Hersteller der Lichterkette vorgesehen. Somit gilt für den erforderlichen Reihenwiderstand

$$R8=\frac{4{,}8\,V-3\,V}{200\,mA}=9\,\Omega$$

Der nächste Wert aus der E12-Reihe ist dann *10 Ω*.

Zunächst wurde für T1 der Typ BC556B vorgesehen. Es stellte sich heraus, dass im Betrieb die Kollektor-Emitter-Sättigungsspannung einen Wert ca. *800 mV* hatte. Dieser Wert ist für den Betrieb aus Batterien/Akkumulatoren zu hoch. Ein Test mit einem alten Germanium-Transistor ASY27 zeigte hingegen eine Kollektor-Emitter-Sättigungsspannung von nur $U_{CEsat} = 100\ mV$. Anstelle dieses Typs sind auch andere Germanium-Transistoren nutzbar, die einen Kollektorstrom von *200 mA* aushalten.

R7 sorgt dafür, dass T1 sicher sperrt. Erst wenn T2 eindeutig leitet spielt R7 keine Rolle mehr. Im Datenblatt ist die Stromverstärkung für den Typ ASY27 (U_{CE} *20V;* I_C 200_{mA}) mit $B = 25$ angegeben. Beim Typ AC126 sind es $B = 95$ und beim AC128 $B = 80$. Geht man von einer Stromverstärkung von $B = 25$ aus, ist sicherzustellen, dass der Transistor vollständig durchschaltet. Der Basisstrom muss also im vorliegenden Fall mindestens sein:

$$I_{B.T1}=\frac{I_C}{B}=\frac{200\,mA}{25}=8\,mA$$

Der Basisstrom wird im Wesentlichen bestimmt durch die Versorgungsspannung und dem Widerstand R9. Die minimale Versorgungsspannung ist kurz vor Erreichen der Entladeschlussspannung. Bei *4* NiMH-Zellen in Reihe sind das *4 Volt*. Somit kann der Widerstandswert von R9 wie folgt berechnet werden:

$$R9=\frac{U_{batt.min}-U_{BE.T1}}{I_{B.T1}}=\frac{4\,V-0{,}35\,V}{8}\,mA=456{,}25\,\Omega$$

Bei der Berechnung wurde die Drain-Source-Spannung an T2 nicht berücksichtigt. Ich wähle deshalb für T9 aus der E12-Reihe den Widerstandswert *390 Ω*.

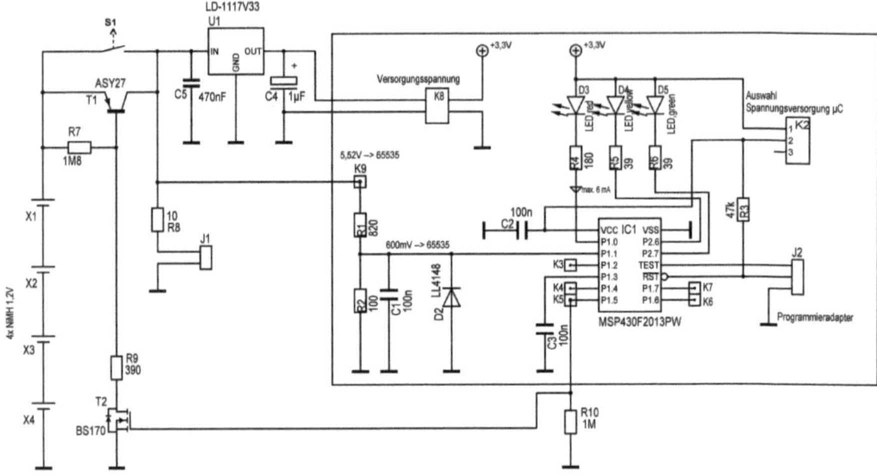

Bild 2.2: Schaltung des automatischen Ausschalters mit Tiefentladeschutz. Der Verbraucher (Lichterkette) wird an J1 angeschlossen. Bei dem umrahmten Bereich handelt es sich um die Platine "Spannungsüberwachung" aus [1].

2.2 Mechanischer Aufbau

Ich habe der Einfachheit halber den Batteriehalter mit den Akkumulatoren herumgedreht und darauf mit Heißkleber eine zweireihige Lötleiste geklebt (Bild 2.3, Bild 2.4). Daran habe ich dann die Spannungsüberwachung und auch die übrigen Bauteile (T1, T2, U1, ...) montiert bzw. gelötet. Das Gebilde sieht ohne Gehäuse natürlich sehr "technisch" aus. Da es aber auf der Fensterbank hinter Blumentöpfen und Dekorationsartikeln plaziert ist, stört das auch die Nichttechniker in meiner Wohngemeinschaft nicht.

Bis auf die Platine "Spannungsüberwachung" und die Akkumulatoren sind alle Teile aus Elektronikschrott entnommen.

Bild 2.3: Der automatische Ausschalters mit Tiefentladeschutz im Betrieb. Die gelbe LED auf der Platine zeigt an, dass die Entladeschlussspannung noch nicht erreicht ist. Gut zu erkennen ist im Bereich unten rechts der Mikro-Taster für die Inbetriebnahme. Darüber der Germaniumtransistor T1 für die Abschaltung.

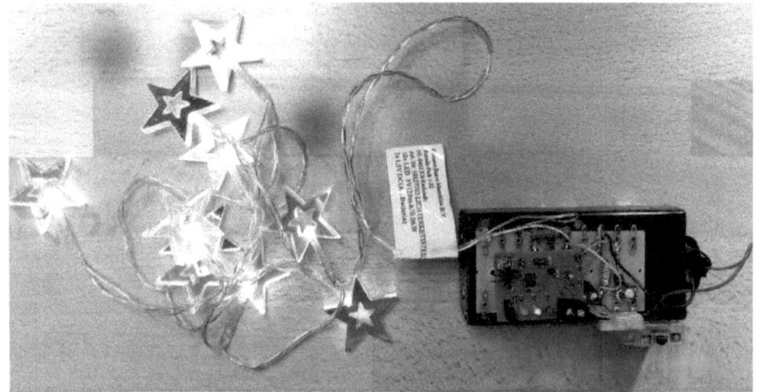

Bild 2.4: Der Ausschalter mit angeschlossener Lichterkette im Test.

2.3 Das Programm des Mikrocontrollers

Der Mikrocontroller hat primär die Aufgabe nach drei Stunden Betrieb alles abzuschalten. Daneben prüft er die Spannung an den Akkumulatoren. Während des Betriebs leuchtet die gelbe LED. Ist die Entladeschlussspannung erreicht, wird die gelbe LED abgeschaltet und die rote LED leuchtet. Dann sollte man nicht lange warten, sondern alsbald die Akkumulatoren gegen frisch aufgeladene austauschen.

Der nachfolgende Code ist gut kommentiert. Trotzdem hier zumindest die Abschaltfunktionalität im Überblick:
Die Zeitbasis ist von der Taktfrequenz abgeleitet. Wie zahlreiche andere Mikrocontroller der MSP430-Reihe kann auch bei dem hier verwendeten Typ (MSP430F2013) eine kalibrierte Taktfrequenz abgerufen werden. Davon wird hier Gebrauch gemacht. Die Taktfrequenz beträgt sehr genau $f_{takt} = 1\ MHz$.

Der Mikrocontroller verfügt über zwei Timer (TA0 und TA1). Einer davon wird genutzt um aus der Taktfrequenz ein Zeitsegment zu generieren. Der Timer erhält den Systemtakt geteilt durch *8*. Das sind *125 kHz*. Das Timerregister wird bis zum Überlauf hochgezählt. Da es sich um ein Register mit einer Breite von *16 Bit* handelt, dauert dieser Vorgang

$$\Delta t = (2^{16} - 1) \cdot \frac{1}{125\,kHz} = 0{,}52428\,s$$

Ist der Überlauf erreicht wird eine Interrupt-Service-Routine ausgeführt. In dieser wird die Variable "timercount" inkrementiert. Der Vorgang wird abgebrochen, wenn die Zeitspanne von

3 Stunden = 180 Minuten = 10800 Sekunden

überschritten wird. Das ist der Fall, wenn

$$n = \frac{10800\,s}{0{,}52428\,s} \approx 20600$$

Zeitsegmente gezählt wurden. Der Transistor T2 wird dann gesperrt und als Folge davon auch T1. Die gesamte Schaltung ist dann stromlos.

```
/* Nach Tastendruck wird die Spannung vom Akku durchgeschaltet.
 * Nach ca. 3 Stunden wird wieder abgeschaltet.
 * Die Spannung an des 4,8-V-NiMH-Akkus wird überwacht.
 * Bei Unterspannung wird vorzeitig abgeschaltet.
 * Mikrocontroller: MSP430F2013
 * Stand: 29. Dezember 2022 / F.P. Zantis
*/
#include <msp430f2013.h>
unsigned int timercount = 0;
unsigned int akkuspannung;                //Teilerverhältnis ist 1:9,333   4,76V ergibt 0,51V am ADU-Eingang

int main(void)
{
        WDTCTL = WDTPW | WDTHOLD; //Stop watchdog timer
        BCSCTL1 = CALBC1_1MHZ;    //SMCLK ist 1 MHz
        DCOCTL  = CALDCO_1MHZ;    //use internal DCO

        P1DIR |= BIT5;            //P1.5 Steuerung des Ausschalters
        P1OUT |= BIT5;            //P1.5 high - einschalten und selbsthalten

        //LEDs
        P1DIR |= BIT0;            //P1.0 output
        P1OUT |= BIT0;            //P1.0 High; LED red off
        P2SEL = 0x00;             //P2 als GPIO verwenden
        P2DIR |= BIT6;            //P2.6 output
        P2DIR |= BIT7;            //P2.7 output
        P2OUT &= ~BIT6;           //P2.6 High; LED yellow on
        P2OUT |= BIT7;            //P2.7 High; LED green off

         //Initialisierung AD-Wandler
        SD16CTL   |= SD16SSEL_1;          //Clock für den ADC is SMCLK
        SD16CTL   |= SD16XDIV_3;          //Dividiert durch 48
        SD16CTL   |= SD16DIV_3;           //Dividiert durch 8 --> 2604 Hz
        SD16CTL   |= SD16REFON;           //Interne Referenzspannung von 1,2V (600mV) wird benutzt
        SD16INCTL0  = SD16INCH_4;         //ADC A4 an P1.1; flagchannel = 11 ist schon initialisiert!
        SD16AE = SD16AE1;                 //P1.1  A+, A- = GND
        SD16CCTL0 |= SD16IE;              //Interrupt des ADC aktivieren
        SD16CCTL0 |= SD16UNI;             //Zahlenbereich von 0 bis FFFF
        SD16CCTL0 &= ~SD16XOSR;           //Oversampling
        SD16CCTL0 |= SD16OSR_256;         //Abtastrate = 1MHz/(48*8*256)=10,2Hz
        SD16CCTL0 &= ~SD16SNGL;           //continous conversion
        SD16CCTL0 |= SD16SC;              //start conversion

        //Timer zur Erzeugung eines Zeitsegmentes
        TACTL = TASSEL_2;                 //Takt ist SMCLK
        TACTL |= ID_3;                    //Takt wird durch 8 geteilt
        TACTL |= MC_2;                    //zählt bis 65535; 1/(1MHz/8) * 65535 = 0,52428s
        TACTL |= TAIE;                    //interrupt enabled

        _BIS_SR(GIE);                     //alle Interrupts freigegeben
}


#pragma vector = SD16_VECTOR
__interrupt void SD16ISR (void)
{
        akkuspannung = SD16MEM0;
        if (akkuspannung < 45656)         //Akkuspannung unter 3,9V
        {
                P1OUT &= ~BIT0;           //P1.0 High; LED red on
                P2OUT |= BIT6;            //P2.6 High; LED yellow off
        }
}


#pragma vector = TIMERA1_VECTOR
__interrupt void TIMER_A(void)            //Interrupt alle 0,52428 Sekunden
{
        switch(TAIV)
        {       case 2: break;            //CCR1 not used
                case 4: break;            //CCR2 not used
                case 10: timercount++;    //timer overflow
                break;
        }
        if (timercount > 20599)           //180min.  Ausschaltzeit erreicht
        {                                 //0,52428s * 20600 = 10800s = 180min.
                P1OUT &= ~BIT5;           //ausschalten
        }
}
```

3. Heizkörper-Abschaltung

Zeitschalter für elektrische Heizkörper gibt es zuhauf [9]. Die können alles: ein-, aus-, umschalten zeitgesteuert und/oder in Kombination temperaturgesteuert und/oder per Fernsteuerung und Internet auch vom Mond aus, etc. Alles bedienbar über zwei Tasten und ein Display mit Touchscreen. Mit sauberen, trockenen Fingern bedienbar gemäß dem 500-seitigem Handbuch, welches per pdf-Datei im Internet heruntergeladen werden kann.
Bei diesen Geräten fühle ich mich meiner Lebenszeit beraubt. Ich meine die Zeit, die ich mit Lesen von Bedienungsanleitungen und zahlreichen Try- und Error-Versuchen verbringe und mit dem vorbereiten meiner Hände - damit diese nicht zu nass und nicht zu trocken und sauber sind für den Touch-Screen.
So habe ich beschlossen einen Count-Down-Schalter selbst zu basteln. Zugeschnitten auf die Bedürfnisse im Badezimmer mit nur zwei Bedienelementen: Ein Schiebeschalter für die Auswahl der Ablaufzeit (25 min oder 50 min) sowie einen Taster um den Vorgang zu starten. Alles ohne Handbuch bedienbar - auch für die Nichttechniker in der Wohngemeinschaft. Mit ordentlicher, an den Menschen angepasster Haptik. Selbst mit grob schmutzigen, nassen Händen ist die Bedienung ein Kinderspiel. Bild 3.1 zeigt die Frontplatte des Resultats.

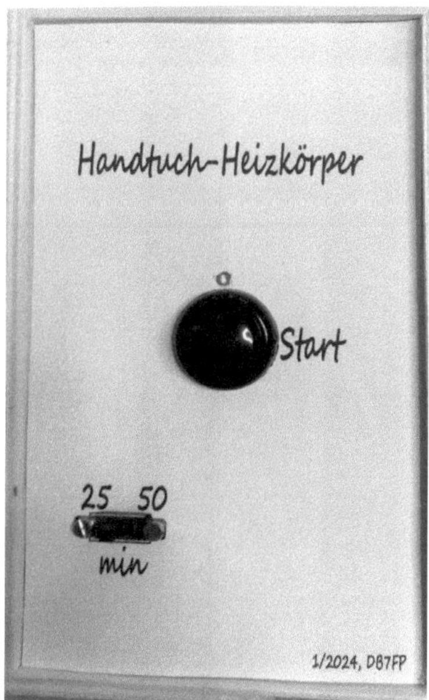

Bild 3.1: Abschalt-Automat für zwei Zeiten.

3.1 Schaltung Variante I

Das Schaltbild ist im Bild 3.2 abgedruckt. Auch hier habe ich als Steuerzentrale die Baugruppe "Spannungsüberwachung" aus [1] genutzt. Auch hier wird die Spannungsversorgung des Mikrocontrollers mit einem LDO (U1) sichergestellt.
Durch betätigen der Start-Taste erhalten sowohl die Heizung als auch der Mikrocontroller Strom. Ich habe hier den elektronischen Schalter aus Bild 3.3 verwendet. Der elektronische Schalter wird über T1 geschlossen und überbrückt den Start-Taster. Anschließend erfasst der Mikrocontroller die Stellung des Wahlschalters S2 und zählt entsprechend bis *25* Minuten oder bis *50* Minuten.

Anstelle des Solid-State-Relais kann auch ein herkömmliches, mechanisches Relais verwendet werden. Dann benötigt man aber auch eine Freilaufdiode (Kathode an +U, Anode an Kollektor von T1). Der Vorteil bei einem mechanischen Relais ist, dass an den Kontakten quasi keine Wärmeleistungs auftritt.

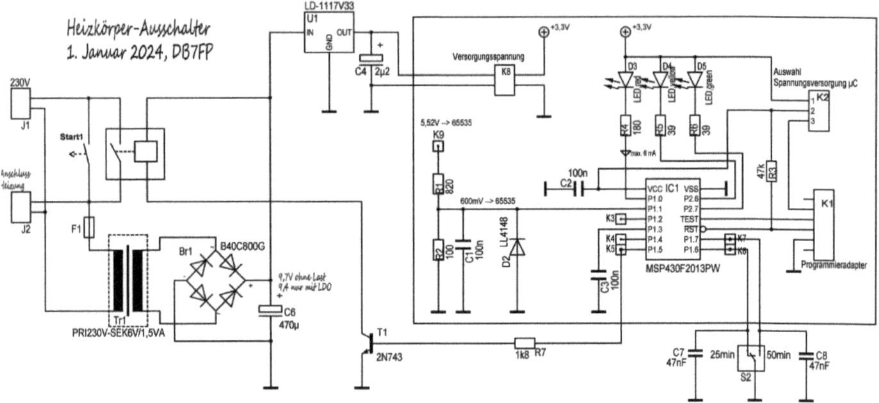

Bild 3.2: Schaltung des Heizkörper-Ausschalters.

Bild 3.3: Das verwendete Solid-State-Relais.

3.1.1 Mechanischer Aufbau

Das Gerät ist in einer Holzbox aus dem 1-Euro-Laden (Tedi) eingebaut. Die Bodenplatte dient als Frontplatte. Dieses Gehäuse ist sehr leicht zu bearbeiten. Auf die Bodenplatte habe ich ein Ausdruck aus Papier geklebt. Damit war dann auch das Beschriftungsproblem gelöst. Auf diese Weise kann selbst ein mechanischer Dilettant wie ich ein Gehäuse realisieren. Im Bild 3.4 ist die Rückseite des Gerätes zu sehen. Zur besseren Befestigung an die Wand sind oben und unten Holzleisten eingeklebt. Unten ist der schwarze Transformator gut zu erkennen. Rechts ist das elektronische Relais angeordnet. Oben links sieht man die eingeklebte Baugruppe „Spannungsüberwachung“ mit dem Mikrocontroller in SMD-Ausführung.

Bei der technischen Umsetzung ist zu beachten, dass hier zum Teil Netzspannung verdrahtet wird. Alle netzspannungsführenden Leitungen müssen einen Querschnitt von *1,5 mm²* aufweisen, damit im Kurzschlussfall bis zum Auslösen des Haushaltsautomaten im Sicherungskasten keine Leitung überhitzt. Zu beachten ist weiterhin, dass der Starttaster "Start1" für Netzspannung ausgelegt sein muss. Außerdem wird der Taster für einen kurzen Moment - bis zum Schließen des Relais-Kontaktes - mit dem gesamten

Laststrom der Heizung beaufschlagt. Das muss er aushalten können. Bei einem Handtuchheizkörper mit einer Leistung von 1,5 kW wären das dann

$$I=\frac{P}{U}=\frac{1500\,W}{230\,V}\approx 6{,}52\,A$$

Auch das Relais bzw. der elektronische Lastschalter muss natürlich für Netzbetrieb und den vom Heizkörper aufgenommenen Strom ausgelegt sein.

Bild 3.4: Die Rückansicht bzw. die Sicht in das Innere des Gerätes.

3.1.2 Das Programm des Mikrocontrollers

Hier habe ich die gleiche Zeitbasis verwendet wie die im Abschnitt 2 beschriebene. Da hier die Überwachung der Versorgungsspannung entfällt konnte ich die drei auf der "Spannungsüberwachung" vorhandenen LED anders nutzen. Nach dem Einschalten blinkt die gelbe LED im Rhytmus der Zeitbasis (*0,52428 s*) und die rote LED leuchtet im Dauerlicht. Fünf Minuten vor Ablauf der eingestellten Zeit wird die gelbe LED abgeschaltet und die rote LED blinkt. Um meine Mitbewohner nicht zu verwirren habe ich nur die rote LED auf die Frontplatte montiert. Die gelbe LED blinkt also für Anwender unsichtbar im Geräteinnern. Die gelbe LED war aber bei der Programmentwicklung sehr hilfreich und ist es auch bestimmt im Servicefall.

```
/* Nach dem Einschalten wird der Schalter (25 oder 50 Minuten)
 * eingelesen. Dann wird der Heizkörper eingeschaltet.
 * Ist die Zeit abgelaufen, wird der Heizkörper samt
 * Zeitschalter wieder abgeschaltet.
 * Stand: 31. Dezember 2023 / F.P. Zantis
*/
```

```
#include <msp430f2013.h>          //Mikrocontroller: MSP430F2013
unsigned int timercount = 0;
const unsigned int minuten05 = 572;
const unsigned int minuten10 = 1144;
const unsigned int minuten15 = 1717;        //0,52428 * 1717 = 15 Minuten
const unsigned int minuten25 = 2861;
const unsigned int minuten30 = 3433;
const unsigned int minuten50 = 5722;
const unsigned int minuten60 = 6866;
unsigned int zeit;

int main(void)
{
        WDTCTL = WDTPW | WDTHOLD; //Stop watchdog timer
        BCSCTL1 = CALBC1_1MHZ;    //SMCLK ist 1 MHz
        DCOCTL  = CALDCO_1MHZ;    //use internal DCO

        P1DIR |= BIT5;            //P1.5 Steuerung des Einschalters
        P1OUT |= BIT5;            //P1.5 high - einschalten und selbsthalten

        P1DIR &= ~BIT6;           //Abfrage 30 Minuten
        P1REN |= BIT6;            //Widerstände aktiv
        P1OUT |= BIT6;            //Pull-Up-Widerstand aktiv
        P1DIR &= ~BIT7;           //Abfrage 60 Minuten
        P1REN |= BIT7;            //Widerstände aktiv
        P1OUT |= BIT7;            //Pull-Up-Widerstand aktiv

        //LEDs
        P1DIR |= BIT0;            //P1.0 output
        P1OUT &= ~BIT0;           //P1.0 High; LED red on
        P2SEL = 0x00;             //P2 als GPIO verwenden
        P2DIR |= BIT6;            //P2.6 output
        P2DIR |= BIT7;            //P2.7 output
        P2OUT |= BIT6;            //P2.6 High; LED yellow off
        P2OUT |= BIT7;            //P2.7 High; LED green off

        if(P1IN & BIT6)
        {
                zeit = minuten50;
        }
        else
        {
                zeit = minuten25;
        }

        //Timer zur Wiederholung der Ein-Ausschalt-Funktion
        TACTL = TASSEL_2;//Takt ist SMCLK
        TACTL |= ID_3;            //Takt wird durch 8 geteilt
        TACTL |= MC_2;            //zählt bis 65535; 1/(1MHz/8) * 65535 = 0,52428s
        TACTL |= TAIE;            //interrupt enabled

        EINT();                   //alle Interrupts freigegeben
        LMP0;
}


#pragma vector = TIMERA1_VECTOR
__interrupt void TIMER_A(void)
{
        switch(TAIV)
        {       case 2: break;            //CCR1 not used
                case 4: break;            //CCR2 not used
                case 10: timercount++;    //timer overflow;  0,52428s abgelaufen
                break;
        }

        if (timercount > zeit)            //Ausschaltzeit erreicht
        {
                P1OUT &= ~BIT5;  //ausschalten
        }
        else if (timercount > (zeit-minuten05))
        {
                P1OUT ^= BIT0;            //toggle LED rot
                P2OUT |= BIT6;            //LED gelb aus
        }
        else
        {
                P2OUT ^= BIT6;            //toggle LED gelb
        }
}
```

3.2 Schaltung Variante II

Bei der zweiten Variante bleibt der Mikrocontroller auch dann aktiv, wenn der Heizkörper abgeschaltet ist. Er ist also immer in Bereitschaft. Die benötigte Energiemenge ist aber gering. Sie liegt während der Bereitschaft unter *1 W*. Vorteilhaft ist, dass dann der Start-Taster den hohen Einschaltstrom des Heizkörpers nicht schalten muss - es reicht also eine einfache Ausführung für Kleinspannung und minimalem Strom. Der Taster löst lediglich im Mikrocontroller einen Interrupt aus, der dann zum Einschalten des Lastrelais führt. Läuft der Vorgang, kann er mit einem weiteren Tastendruck abgebrochen werden. Das Schaltbild zeigt Bild 3.5.

Bei dieser Variante könnte man den Heizkörper auch in der Leistung steuern. Und zwar indem er z.B. minutenweise ein und ausgeschaltet wird. Dafür wäre die Verwendung eines elektronischen Relais wie im Abschnitt 3.1 besonders sinnvoll. Es gibt Ausführungen mit integrierter Nullspannungs-Schaltfunktion. Dann erfolgt das ein- und ausschalten ohne Funkstörung. Eine entsprechende Modifikation ist für den routinierten (Hobby)-Elektroniker sicher leicht möglich.

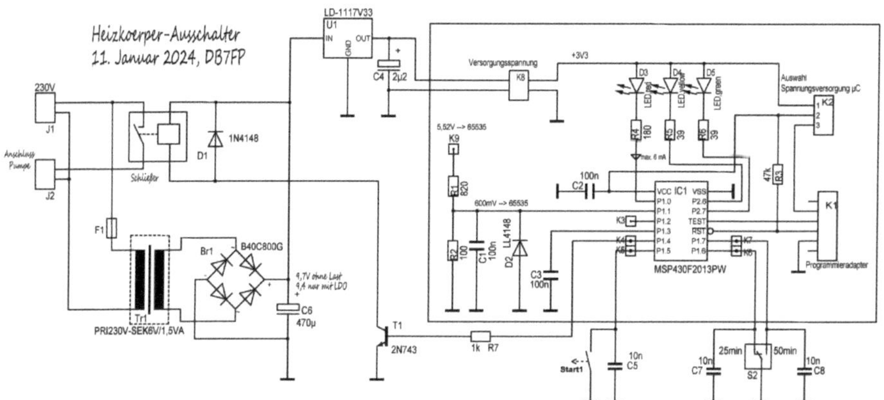

Bild 3.5: Variante mit permanenter Stromversorgung für den Mikrocontroller.

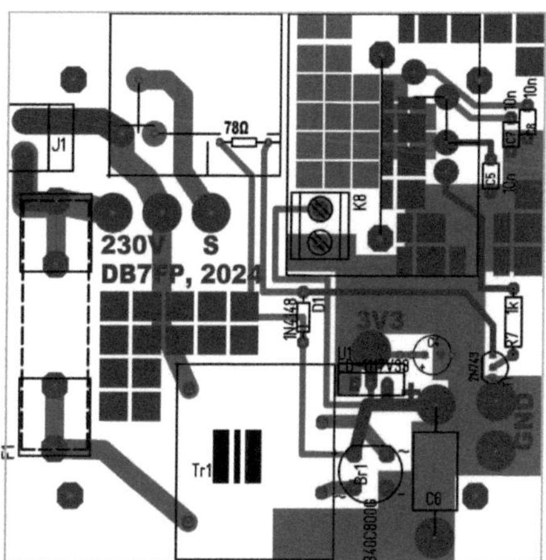

Bild 3.6: Layoutvorschlag für die Schaltung nach Bild 3.4. Originalgröße: 84 x 84 mm.

3.2.1 Mechanischer Aufbau

Es gilt fast alles was ich schon unter 3.1.1 geschreiben habe. Der wesentliche Unterschied ist, dass zum Starten des Vorgangs ein einfacher Drucktaster für Kleinspannung und minimalem Nennstrom (Milliampere) ausreicht.

3.2.2 Das Programm des Mikrocontrollers

Zu beachten ist, dass der Transistor, der den Schalter bedient (T1) hier über P1.4 angesteuert wird (im Projekt unter 3.1.1 war dies P1.5).

```
//Abschaltung im aufklappbaren Gehäuse
//der Mikrocontroller ist permanent unter Spannung
//Mikrocontroller MSP430F2013 auf "Batterieüberwachung"
//11. Januar 2024, F.P. Zantis
#include <msp430f2013.h>
unsigned long timercount = 0;
const unsigned int minuten05 = 572;
const unsigned int minuten10 = 1144;
const unsigned int minuten15 = 1717;  //0,52428 * 1717 = 15 Minuten
const unsigned int minuten25 = 2861;
const unsigned int minuten30 = 3433;
const unsigned int minuten50 = 5722;
const unsigned int minuten60 = 6866;
unsigned int long zeit;
unsigned int flagein;

void main(void)
{
        WDTCTL = WDTPW | WDTHOLD;    //Stop watchdog timer
        BCSCTL1 = CALBC1_1MHZ;       //SMCLK ist 1 MHz
        DCOCTL  = CALDCO_1MHZ;       //use internal DCO

        P1DIR |= BIT4;               //P1.4 Steuerung des Ausschalters
        P1OUT &= ~BIT4;              //P1.4 Relais inaktiv - Kontakt geschlossen

        //LEDs
        P1DIR |= BIT0;               //P1.0 output
        P1OUT &= ~BIT0;              //P1.0 High; LED red on
        P2SEL = 0x00;                //P2 als GPIO verwenden
        P2DIR |= BIT6;               //P2.6 output
        P2DIR |= BIT7;               //P2.7 output
        P2OUT |= BIT6;               //P2.6 High; LED yellow off
        P2OUT &= ~BIT7;              //P2.7 High; LED green on

        P1DIR &= ~BIT5;              //P1.5 als Eingang für Start-Taste
        P1REN |= BIT5;               //Widerstände aktiv
        P1OUT |= BIT5;               //PUll-Up-Widerstand aktiv
        P1IE  |= BIT5;               //Interrupt über P1.5
        P1IES |= BIT5;               //Interrupt bei negativer Signalflanke
        P1IFG &= ~BIT5;              //IFG cleared

        P1DIR &= ~BIT6;              //Abfrage 30 Minuten
        P1REN |= BIT6;               //Widerstände aktiv
        P1OUT |= BIT6;               //Pull-Up-Widerstand aktiv
        P1DIR &= ~BIT7;              //Abfrage 60 Minuten
        P1REN |= BIT7;               //Widerstände aktiv
        P1OUT |= BIT7;               //Pull-Up-Widerstand aktiv

        //Timer zur Erzeugung eines Zeitsegmentes
        TACTL = TASSEL_2;            //Takt ist SMCLK
        TACTL |= ID_3;               //Takt wird durch 8 geteilt
        TACTL |= MC_2;               //zählt bis 65535; 1/(1MHz/8) * 65535 = 0,52428s
        TACTL |= TAIE;               //interrupt enabled

        EINT();             //alle Interrupts freigegeben
        LPM0;               //keine Main-Schleife; Funktion nur über Interrupts
}


#pragma vector=PORT1_VECTOR //Port1 ISR; Start-Taster wurde gedrückt
__interrupt void Port_1(void)
{
```

```
    __delay_cycles(400000); //400ms warten wegen Tastenprellen
    if (flagein > 0)        //Vorgang abbrechen oder aktiv werden, wenn der vorherige Vorgang abgeschlossen ist
    {
            P1OUT |= BIT0; //P2.7; LED red off
                P1OUT &= ~BIT4;     //ausschalten; Relais stromlos; Kontakt öffnen
                flagein = 0;
    }
    else
    {
        if(P1IN & BIT6)             //Abfrage der gewünschten Ablaufzeit
        {
                zeit = minuten50;
        }
        else
        {
                zeit = minuten25;
        }
        P1OUT |= BIT4;              //Relais einschalten Verbraucher aktiv
        P1OUT &= ~BIT0;             //P1.0; LED red ein
        flagein = 1;
    }
    P1IFG &= ~BIT5;                 //IFG cleared
}


#pragma vector = TIMERA1_VECTOR
__interrupt void TIMER_A(void)      //Interrupt alle 0,52428 Sekunden
{
        switch(TAIV)
        {       case 2: break;              //CCR1 not used
                case 4: break;              //CCR2 not used
                case 10: timercount++;      //timer overflow
                break,
        }

        if (timercount > zeit)
        {
                P1OUT |= BIT0;              //P2.7; LED red off
                P1OUT &= ~BIT4;             //ausschalten; Relais stromlos; Kontakt öffnen
                flagein = 0;
        }
        else if (timercount > (zeit-minuten5))        //Ausschaltzeit fast erreicht
        {                                   //0,52428s * 20600 = 10800s = 180min.
                P1OUT ^= BIT0;              //P1.0 High; LED red blinken
                P2OUT |= BIT6;              //P2.6; LED yellow ausschalten
        }
        else
        {
            P2OUT ^= BIT6;          //P2.6; toggle LED yellow
        }
}
```

4. Reset für die Regenwasserpumpe

In den beiden vorangegangenen Projekten ging es nur um das Ausschalten. Deshalb konnte auch die Steuerung selber inklusive Mikrocontroller stromlos geschaltet werden. Das ist hier nun anders. Die Regenwasserpumpe muss nur rückgesetzt werden. Im Zyklus von 10 oder 20 Tagen wird die gesamte Anlage einmal abgeschaltet und nach 15 Minuten wieder eingeschaltet.

Wenn es bei der Zeitbasis bleibt, die in den anderen beiden Projekten genutzt wurde ($t_B = 0,52428\ s$, erzeugt mit dem DCO des Mikrocontrollers), dann ist es erforderlich bis

$$N = \frac{20\,T \cdot 24\,h/T \cdot 3600\,s/h}{0,52428} \approx 3295949$$

zu zählen. Dazu benötigt man eine Variable vom Typ "unsigned long". Diese kann Zahlen bis

$$N = 2^{32} - 1 = 4294967295$$

aufnehmen. Zwar hat der verwendete Mikrocontroller kein Register mit einer Breite von 32 Bit, jedoch erstellt der Kompiler in der IDE CodeComposer im Hintergrund eine Routine, die dann unter der Verwendung von zwei 16-Bit-Speicherstellen eine Long-Variable zur Verfügung stellt. Davon merken wir als Anwendungsprogrammierer nichts - abgesehen vom zusätzlichen Verbrauch von Speicherplatz im RAM und im FLASH-Speicher (im "Code Composer" beides sichtbar im Menüpunkt "View" → "Memory Allocation").

Alle MSP430-Mikrocontroller haben intern den DCO (Digital Controlled Oscillator) eingebaut. Einige Typen aus der Serie - so auch der MSP430F2013 sind mit kalibrierten Einstellungen für 1 MHz, 8 MHz und 16 MHz ausgestattet. Dank dieser Kalibrierung ab Werk ist der Takt recht präzise. Eine Messung bei einem Modul "Spannungsüberwachung" (siehe [1]; Ausgabe der SMCLK-Taktfrequenz an P1.4) ergab eine mittlere Taktfrequenz von *1,0008 MHz* (Sollwert: 1 MHz). Die Frequenz ist also in diesem Fall nur *0,8 ‰* zu hoch. Angenommen, der Reset wird im Zyklus von 20 Tagen ausgeführt. Dazu wird nach Überschreiten der 20 Tage die Pumpe für 15 Minuten abgeschaltet. 20 Tage bedeuten 1728000 s. Im zweiten Zyklus erfolgt der Reset also um *0,8 ‰* bzw. *0,08 %* früher, da die Frequenz etwas zu hoch ist. Der zweite Zyklus endet dann nach

$$1728000\,s \cdot (1 - 0,0008) = 1726618\,s$$

bzw. dann 19 Tage, 23 Stunden, 37 Minuten

Der Reset verschiebt sich also allmählich - bei zu hoher Taktfrequenz gegen den Uhrzeigersinn. Bei zu niedriger Taktfrequenz würde er sich mit dem Uhrzeigersinn verschieben. Das kann sehr störend sein, denn es kann dazu führen, dass mitten am Tag die Toilettenspülung für 15 Minuten nicht benutzt werden kann oder die Waschmaschine plötzlich für 15 Minuten kein neues Wasser bekommt. Zur Abhilfe wird die Zeitbasis von der 50-Hz-Netzwechselspannung abgeleitet. Diese ist permanent vorhanden und aktiv. Die Netzfrequenz wird von den Energieversorgungsunternehmen ständig kontrolliert und korrigiert [10]; sie ist deshalb präziser als die im Mikrocontroller mit dem DCO erzeugte Taktfrequenz. Ein "Weglaufen" in eine Richtung ist nicht möglich.

Um die Netzwechselspannung als Taktgeber zu nutzen, muss die positive Halbwelle der Sekundärspannung z.B. durch Einweggleichrichtung gewonnen werden und auf *3 V* begrenzt werden. Dieses Signal wird dann einem Eingang des Mikrocontrollers zugeführt. Die Zählung würde dann per Interrupt erfolgen mit einer Zeitbasis von dann *20 ms*. Im Bild 4.1 ist ein Vorschlag für die Gewinnung der Zeitbasis zu sehen. J1 wird mit einem Anschluss der Sekundärwicklung verbunden. An J2 ist dann die Zeitbasis in Form von Sinushalbschwingungen verfügbar. Ein Oszillogramm dazu zeigt Bild 4.2. Ich verwende die positive Flanke als Trigger, da diese hier steilflankiger ist. Das Zeitsegment ist dann *20 ms*. Wie viele Zeitsegmente *n* bis zum Reset gezählt werden müssen ergibt sich zu

$$n = \frac{T_T \cdot \left(3600 \frac{s}{Tag}\right)}{20\,ms}$$

n ist die Anzahl der zu zählenden Impulse
T_T ist die Anzahl der Tage bis zum Reset.

Somit ergibt sich für den 20-Tage-Zyklus

$$n_{20} = \frac{20\,Tage \cdot 3600\,s/Tag}{20\,ms} = 86400000$$

n_{20} ist die Anzahl der zu zählenden Zeitsegmente

Bei einem Zyklus von *10* Tagen entsprechend die Hälfte: $n_{10} = 43200000$

Wie die Flanke an einem Porteingang ausgewertet wird habe ich z.B. in [3] erklärt. Die Zählung erfolgt direkt in der Interrupt-Service-Routine (ISR) des verwendeten Ports. In diesem Projekt habe P1.1 dafür genutzt.

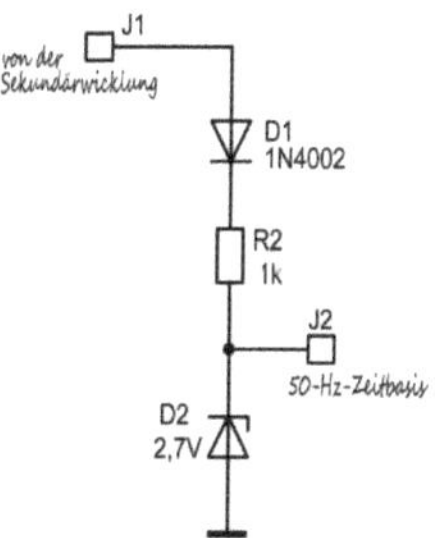

Bild 4.1: Vorschlag für die Gewinnung der Zeitbasis aus der Netzwechselspannung. Die Anode von D1 ist mit einem beliebigen Anschluss der Sekundärwicklung verbunden.

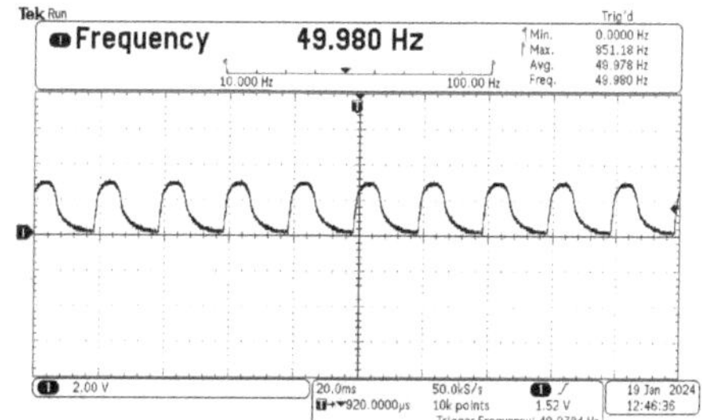

Bild 4.2: Das an J2 (Bild 4.1) gemessene Signal. Die ansteigende Flanke ist steiler als die abfallende Flanke. Das wird durch einen Kondensator verusacht, der sich am Eingang P1.1 des Platine "Spannungsüberwachung" befindet.

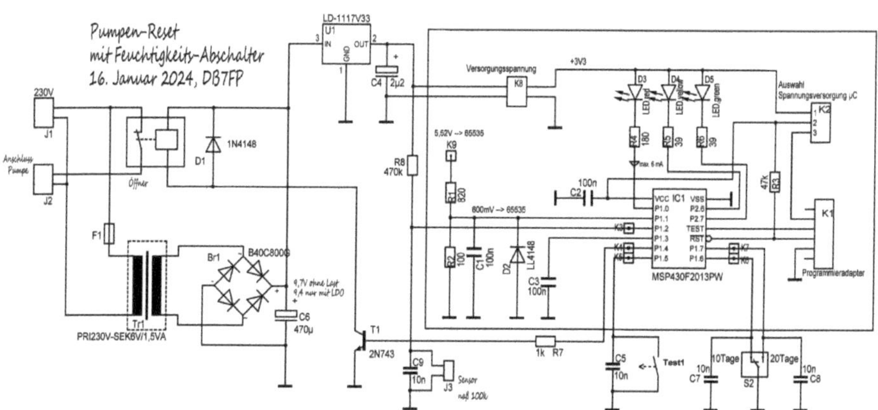

Bild 4.3: Schaltung des "Pumpen-Wächters". Die Erfassung der Zeitbasis nach Bild 4.1 ist frei verdrahtet und deshalb im Schaltbild nicht enthalten (siehe Text).

Die Schaltung ist im Bild 4.3 zu sehen. Der Schalter S2 dient hier nun um zwischen dem Zeitintervall *10 Tage* oder *20 Tage* auszuwählen. Ich habe diesen Schalter an die Frontplatte montiert. Es reicht hier aber eigentlich ein Schalter auf der Platine oder eine Drahtbrücke, denn die Intervallzeit wird bei der Inbetriebnahme einmal erfaßt und bleibt dann unabhängig von der Stellung des Schalters S2 unverändert.

An P1.5 ist eine Taste vorhanden mit der man einen Funktionstest auslösen kann. Drückt man die Taste, wird der Zeitsegmentzähler hochgesetzt - und zwar auf eine viertel Stunde vor dem Reset. Die gelbe LED leuchtet. Man muss also nur 15 Minuten warten um den Reset mitzuerleben. Auch diese Taste ist nicht dringend erforderlich, kann aber im Servicefall hilfreich sein.

Da die Pumpe die meiste Zeit in Betrieb ist, habe ich hier ein mechanisches Relais verwendet. Das hat den Vorteil, dass keine Wärmeleistung an den Kontakten auftritt. Das Relais hat einen Wechselkontakt, von dem ich den Öffner nutze. Im Normalfall ist die Relaisspule nicht erregt. Nur beim Reset, während der 15-minütigen Pause erhält die Relaisspule Spannung und öffnet den Kontakt.
Für das Schalten der Pumpe habe ich eine ausrangierte Funksteckdose ausgeschlachtet und so umgebaut, dass sie als Zwischenstecker funktioniert. Zur Funktionskontrolle habe ich eine Glimmlampe eingebaut. Von dem Zwischenstecker geht ein dreiadriges Kabel zur Steuerplatine: zwei Leitungen für die 230-V-Versorgung sowie einen Schaltkontakt für die Pumpe. Bild 4.4 zeigt den Zwischenstecker.

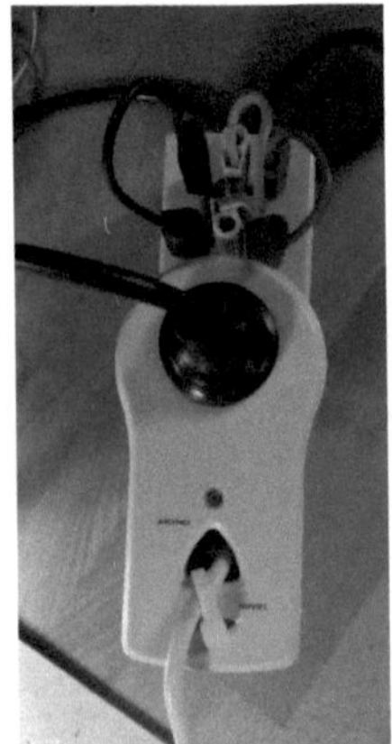

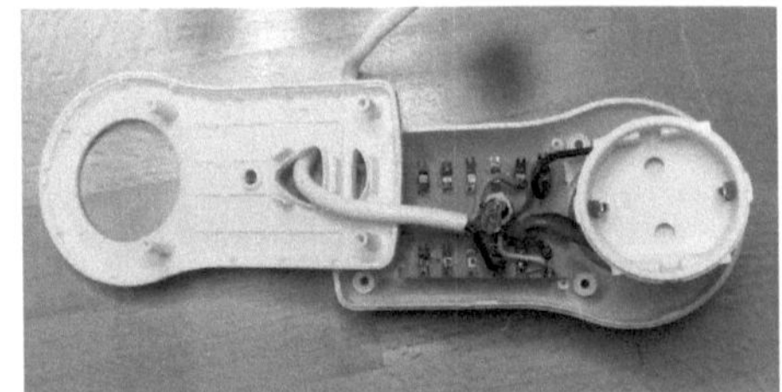

Bild 4.4: Zwischenstecker. Links bei einem Test. Rechts die Innenansicht. Der rote Draht ist der geschaltete Draht. Grau und Schwarz sind die Leitungen für die 230-V-Versorgung.

Die gelbe LED D4 gibt mit ihrer Blinkfrequenz einen Hinweis wann der nächste Reset ausgeführt wird. Sie wird vom internen Timer des Mikrocontrollers angesteuert. Die LED wird bei erreichen des Timer-Interrupts umgeschaltet. Für die anfängliche Blinkfrequenz kann man schreiben:

$$f=\frac{1}{2\cdot(2\cdot CCR0\cdot T_{clk})} \qquad \{2.1\}$$

CCR0 ist der Inhalt des Timerregisters (Anfangs *50000*)
T_{clk} ist die Frequenz mit der der Timer zählt; hier *1/125 kHz*

Somit:

$$f=\frac{1}{2\cdot(2\cdot 50000\cdot 8\,\mu s)}=0{,}625\,Hz$$

Kurz vor dem Auslösen des Reset soll das Blinken der LED in ein flackern übergegangen sein. Die meisten Menschen können Ereignisse im Abstand von ca. $T = 20\,ms$ so gerade noch erfassen. Dies entspricht einer Frequenz von

$$f=\frac{1}{T}=\frac{1}{20_{ms}}=50\,Hz$$

Der zugehörige Wert des CCR0-Registers lässt sich durch Umstellen von {2.1} errechnen:

$$4\cdot f=\frac{1}{CCR0\cdot T_{clk}}$$

$$CCR0=\frac{1}{4\cdot f\cdot T_{clk}}=\frac{1}{4\cdot 50\,Hz\cdot 8\,\mu s}=625$$

Ausgehend von einem 10-Tage-Zyklus muss also das Timerregister nach *N* Zählungen dekrementiert werden:

$$N=\frac{n_{10}}{50000-625}=\frac{43200000}{50000-625}=874{,}927$$

Um Sicherzustellen, dass das Timerregister *CCR0* nicht kleiner als *0* wird, wird aufgerundet. Somit wird nach 875 Zählungen dekrementiert. Die Blinkfrequenz nimmt nun bis zum Reset kontinuierlich zu. Kurz vor dem Reset sind es dann ca. 50 Hz.

Da der Mikrocontroller eigentlich unterfordert ist, habe ich noch einen Feuchtigkeitsalarm eingebaut. An P1.2 ist der Widerstand R8 angeschlossen. Dieser bildet mit einem Feuchtigkeitsensor einen Spannungsteiler. Normalerweise ist der Feuchtigkeitssensor sehr hochohmig, so dass an P1.2 stets eine *1* bzw. U_b = *3,3 V* anliegt. Wird der Feuchtigkeitssensor nass, sinkt sein Widerstand auf R_{sens} = *80...100 kΩ*. Das führt dazu, dass an P1.2 nun eine *0* anliegt (Spannung deutlich kleiner als $U_b/2$). Ich habe den Feuchtigkeitssensor aus einem Papiertaschentuch und zwei größeren Büroklammern aufgebaut (Bild 4.8). Dieser Sensor liegt auf dem Kellerboden. Sollte etwas hinter der Pumpe undicht sein und Wasser tritt aus, führt das zu einem Druckabfall in der Leitung. Dadurch startet die Pumpe. Diese würde nun den Inhalt der Zisterne in den Keller pumpen. Mit Hilfe des Sensors wird dies verhindert. Sobald der Sensor nass ist und an P1.2 eine *0* erfasst wird, schaltet der Mikrocontroller die Pumpe ab. Wiedereinschalten geschied automatisch wenn das Taschentuch wieder trocken ist (1 an P1.2) und dieser Zustand mindestens 15 Minuten stabil ist.

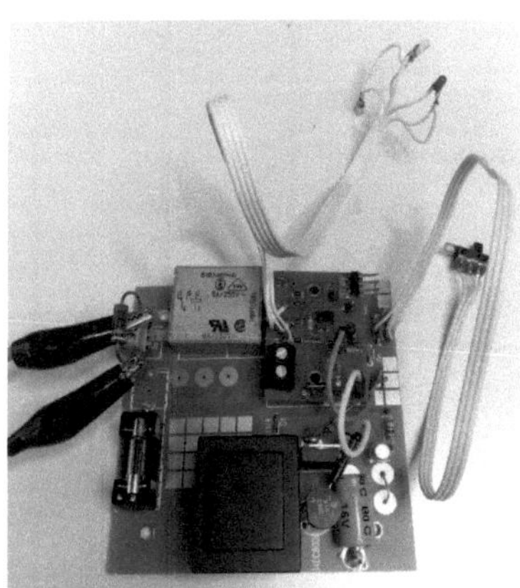

Bild 4.5: Platine mit Zeitbasis 50 Hz. Zu erkennen an der schwarzen Diode (D1 aus Bild 4.1) mit gelber Leitung.

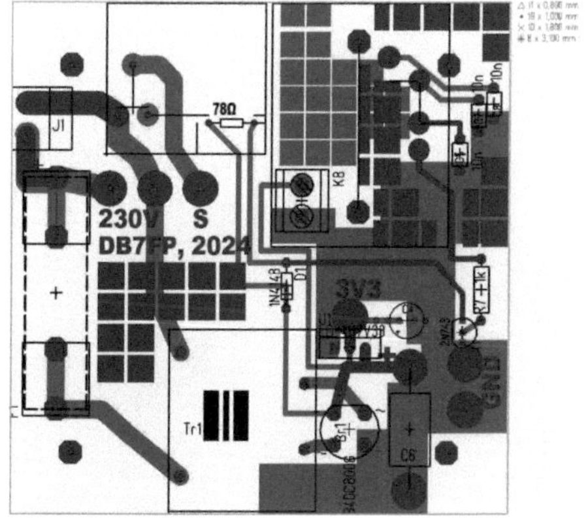

Bild 4.6: Reset für die Regenwasserpumpe, Layoutvorschlag. Originalgröße: 84 x 84 mm. D1 aus Bild 4.1 ist frei verdrahtet.

Im Bild 4.5 ist ein Foto der Platine zu sehen, die ich dann letztendlich verwendet habe. Die Bauteile aus Bild 4.1 sind nachträglich montiert. Für die Diode D1 im Bild 4.1 habe ich eine BAY24 eingesetzt. Diese habe ich aus Elektronik-Schrott ausgebaut. Diese Diode hat eine maximale Sperrspannung von *1500 V*. Das

ist völlig übertrieben, schadet aber nicht. Sie ist frei verdrahtet: der kleine schwarze Stab im Bild 4.5 vom Brückengleichrichter (Sekundäranschluss des Transformators) ausgehend an die gelbe Leitung, die zur Platine "Spannungsüberwachung" führt. Wer genau hinschaut kann im Bild auch erkennen, dass ich den Widerstand R2 (*100-Ω*-(SMD)-Widerstand) des Eingangs-Spannungsteilers auf der Platine "Spannungsüberwachung" durch eine bedrahtete Zenerdiode mit einer Durchbruchspannung von *2,7 V* ersetzt habe - gemäß dem Bild 4.1.
Ein Vorschlag zum Layout (erstellt mit "Target") zeigt Bild 4.6.

Bild 4.7 zeigt letztendlich meinen Entwurf der Frontplatte. Die Originalmaße sind *171 mm x 90 mm.*

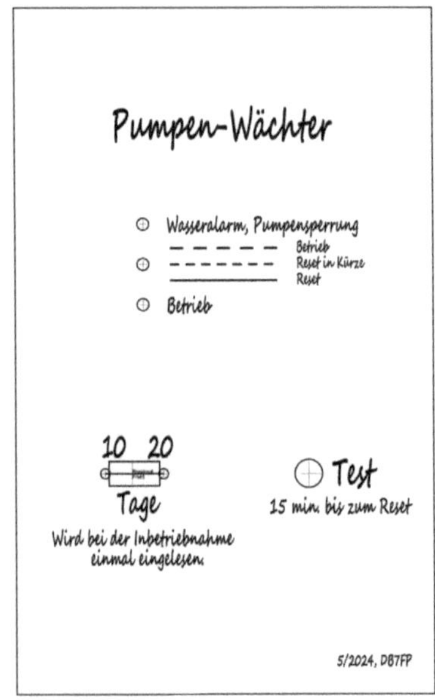

Bild 4.7: Ein Entwurf der Frontplatte.
LED rot: Wasseralarm, Pumpensperrung
LED gelb, blinkend: je höher die Blinkfrequenz, desto näher der Reset
LED grün: Betrieb, Pumpe ist eingeschaltet

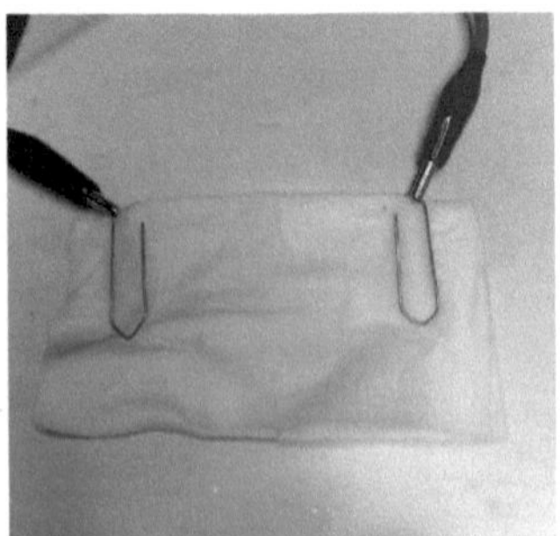

Bild 4.8: Der Feuchte-Sensor. Er besteht aus einem Papiertaschentuch und zwei (großen) Büroklammern. Im (klatsch-)nassen Zustand hat er einen Widerstandswert von 80...100 kΩ. Bei der Messung habe ich Leitungswasser verwendet.

4.1 Der Code des Mikrocontrollers

Der Code wurde ebenso wie bei den anderen beiden Projekten mit der Freeware "CodeComposer" von Texas Instruments hergestellt.
Die Zählung der 20-ms-Pulse erfolgt direkt in der Interrupt-Service-Routine (ISR) des verwendeten Ports (P1.1). Auf der Baugruppe "Spannungsüberwachung" ist dieser schon mit einem Vorwiderstand (R1, *820 Ω;* im Bild 4.1 ist das R2) versehen. Es muss lediglich R2 (*100 Ω)* durch eine Zenerdiode (*2,7 V*) ersetzt werden. Ich habe dies so umgesetzt. Auf der Platine "Spannungsüberwachung ist parallel zu P1.1 noch ein Kondensator von *100 nF* angeordnet [1]. Deshalb ist auch die ansteigende Flanke im Bild 4.6 steiler als die abfallende Flanke. Das stört aber nicht.
Zu beachten ist auch, dass das Vorladen der Zeitintervalle (*10 Tage* oder *20 Tage*) mit anderen Zahlenwerten erfolgen muss.

4.1.1 LED-Anzeigen

Die drei LEDs der Baugruppe "Spannungsüberwachung" dienen zur Information.

- Die grüne LED leuchtet wenn die Pumpe eingeschaltet ist.
- Die rote LED leuchtet, wenn der Feuchtigkeitssensor nass ist.
- Die gelbe LED blinkt. Unmittelbar nach der Inbetriebnahme ist die Blinkfrequenz *0,625 Hz*. Je näher der Reset heranrückt, desto höher ist die Blinkdfrequenz (Bild 4.9). Kurz vor dem Reset ist das Blinken in ein "Flackern" übergegangen.

Das Entscheidungskriterium ist die Zählvariable `timercount`, die die Anzahl der Zeitsegmente inkrementiert.

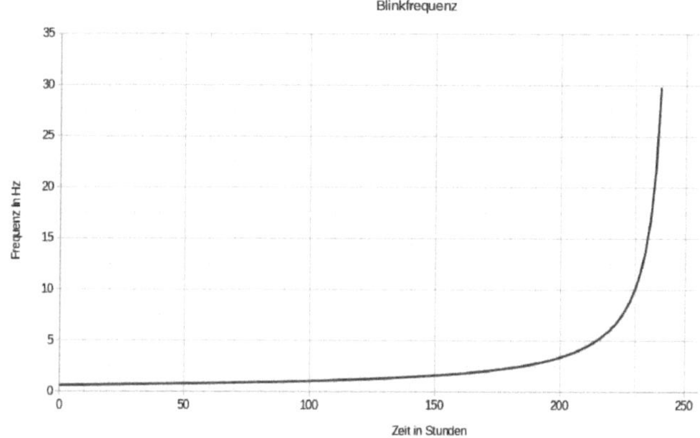

Bild 4.9: Änderung der Blinkfrequenz der gelben LED in Abhängigkeit von der Zeit.

4.1.2 Wasseralarm

Wird das Papiertaschentuch naß, so wird Wasseralarm ausgelöst. Dabei wird der `timercount` auf einen Wert hochgesetzt der zum Abschalten der Pumpe führt. Dieser Zustand wird in der while-Schleife so lange aufrechterhalten, bis der Wasseralarm verschwunden ist (das Taschentuch wieder trocken ist). Dann dauert es noch eine Reset-Zeit (15 Minuten) bis die Pumpe wieder einschaltet. Dies ist sinnvoll, da es zwischen nassem und trockenem Papiertaschentuch eine langsame Übergangsphase gibt. Diese könnte zu wildem ein- und ausschalten der Pumpe führen. Die 15-minütige "Karenzzeit" verhindert dies.

4.1.3 Besondere Startbedingungen

Im Code gibt es während der Initialisierungsphase an zwei Stellen jeweils ein Delay von einer Millisekunde. Diese sind erforderlich, da die Eingänge P1.5, P1.6 und P1.7 mit Kondensatoren (*10 nF*) belegt sind. Diese müssen aufgeladen werden bevor die Auswertung erfolgen kann ob eine 0 oder eine 1 anliegt. Die Aufladung erfolgt über die im Mikrocontroller integrierten Pullup-Widerstände. Diese sind im Datenblatt angegeben mit einem Widerstandswert zwischen *20 kΩ* und *50 kΩ*. Die Zeitkonstante ist also im schlimmsten Fall:

$$\tau = R \cdot C = 50\,k\Omega \cdot 10 \cdot 10^{-9}\,F = 500\,\mu s$$

Nach einer Wartezeit von *t = 1 ms* ist die Spannung am Kondensator bereits

$$U_C = U_b \cdot (1 - e^{-\frac{t}{\tau}}) = 3{,}3\,V \cdot (1 - e^{-\frac{1000\,\mu s}{500\,\mu s}}) \approx 2{,}85\,V$$

was eindeutig als eine *1* interpretiert wird. Nach einer Wartezeit von einer Millisekunde kann man also sicher sein, dass an den Ports die richtigen Zustände erfasst werden.
Im Übrigen "verschlucken" die Kondensatoren das Tastenprellen. Sie sind also unentbehrlich.

4.1.4 Wasseralarm

Es hast sich herausgestellt, dass der Wasseralarm manchmal durch einen Störimpuls ausgelöst wird. Eigentlich müsste C9 (Bild 4.3) dies verhindern. Um sicherzugehen wird im Programm der Fall Wasseralarm mit Hilfe der Variablen "`flagwasseralarm`" zehnmal abgefragt. Bei jeder Abfrage wartet der Mikrocontroller zehn Millisekunde. Erst wenn der Wasseralarm dann immer noch ansteht wird er wirksam.

4.1.5 Code mit 50-Hz-Zeitbasis

Hier nun der Code mit 50-Hz-Zeitbasis aus der Netzfrequenz. Der Code ist gut kommentiert, was das Nachvollziehen vereinfacht.

```
/* Sobald die Schaltung an die Netzspannung angeschlossen ist wird
 * alle 10 oder 20 Tage (wählbar) die Spannung des angeschlossenen
 * Verbrauchers abgeschaltet und nach 15 Minuten wieder eingeschaltet.
 * Zusätzlich mit Feuchtesensor am Boden. In dieser Version wird die
 * Zeitbasis aus der Netzwechselspannung abgeleitet (50 Hz).
 * Stand: 22. Mai 2024 / F.P. Zantis */
#include <msp430f2013.h>
unsigned long timercount = 1;                   //counter for 20-ms-parts
unsigned long timercount2;
unsigned int timervalue = 50000;                //value for the timer (8µs per clock)
const unsigned long Minuten15 = 45000;
const unsigned long Minuten30 = 90000;
const unsigned long Stunde1 = 180000;
const unsigned long Tag = 4320000;
const unsigned long Tage2 = 8640000;
const unsigned long Tage5 = 21600000;
const unsigned long Tage10 = 43200000;          // 864000s/20ms
const unsigned long Tage20 = 86400000;
```

```
const unsigned long Tage25 = 108000000;
unsigned int Teiler;
unsigned int long zeit;
unsigned int flagwasseralarm = 0;

void main(void)
{	WDTCTL = WDTPW | WDTHOLD;	//Stop watchdog timer
	BCSCTL1 = CALBC1_8MHZ;		//clock is 8MHz
	DCOCTL = CALDCO_8MHZ;		//clock is 8MHz
	BCSCTL2 |= DIVS_3;		//SMCLK = 8MHz/8 = 1MHz

	P1DIR &= ~BIT5;			//P1.5 als Eingang für Test-Taste
	P1REN |= BIT5;			//Widerstände aktiv
	P1OUT |= BIT5;			//PUll-Up-Widerstand aktiv
	__delay_cycles(8000);		//1 ms warten zum Füllen des Kondensators C5

	P1DIR |= BIT4;			//P1.4 Steuerung des Ausschalters
	P1OUT &= ~BIT4;			//P1.4 Relais inaktiv - Kontakt geschlossen
	P1DIR &= ~BIT2;			//P1.0 als Eingang für den Feuchtesensor
	P1REN &= ~BIT2;			//P1.0 Widerstände nicht aktiv

	P1DIR |= BIT0;			//P1.0 output; Ansteuerung der LED rot
	P1OUT &= ~BIT0;			//P1.0 High; LED red on
	P2SEL = 0x00;			//P2 als GPIO verwenden
	P2DIR |= BIT6;			//P2.6 output
	P2DIR |= BIT7;			//P2.7 output
	P2OUT &= ~BIT7;			//P2.7 High; LED green on

	P1DIR &= ~BIT1;			//Eingang für 50Hz-Zeitbasis
	P1REN |= BIT1;			//Widerstände aktiv
	P1OUT &= ~BIT1;			//Pull-Down-Widerstand aktiv
	P1IE |= BIT1;			//Interrupt aktiviert
	P1IES &= ~BIT1;			//Triggerflanke ist low to high
	 P1IFG &= ~BIT1;		//Interruptflag gelöscht

	P1DIR &= ~BIT6;			//Abfrage 10 Tage
	P1REN |= BIT6;			//Widerstände aktiv
	P1OUT |= BIT6;			//Pull-Up-Widerstand aktiv
	P1DIR &= ~BIT7;			//Abfrage 20 Tage
	P1REN |= BIT7;			//Widerstände aktiv
	P1OUT |= BIT7;			//Pull-Up-Widerstand aktiv
	__delay_cycles(8000);		//1 ms warten zum Füllen des Kondensators C6 bzw. C7

	//Timer für die gelbe LED (Betriebsanzeige)
	TACCR0 = timervalue;		//up-down-mode: 2x50000=100000
	TACTL = TASSEL_2;		//clock is SMCLK
	TACTL |= ID_3;			//clock is SMCLK/8=125kHz
	TACTL |= MC_3;			//up-down-mode
	TACTL |= TAIE;			//interrupt enabled

	if(P1IN & BIT6)
	{
		zeit = Tage20;
		Teiler = 1750;
	}
	else
	{
		zeit = Tage10;
		Teiler = 875;
	}

	_BIS_SR(GIE);			//alle Interrupts freigegeben

	while(1)
	{
		if (P1IN & BIT2)		//Feuchtesensor hat nicht angesprochen
		{
			P1OUT |= BIT0;	//P2.7; LED red off

		if(P1IN & BIT5)			//Test wurde nicht betätigt
		{
			if (timercount > zeit)		//10 oder 20 Tage  --> Ausschaltzeit erreicht
			{
				P2OUT |= BIT7;	//P2.7 High; LED green off
				P1OUT |= BIT4;	//ausschalten; Relais aktiv (Öffner-Kontakt)
				if (timercount > (zeit+Minuten15))		//Reset Ende
				{
					timercount = 0;
					timercount2 = Teiler;
					timervalue = 50000;
					TACCR0 = timervalue;
					flagwasseralarm = 0;
				}
			}
			else
			{
				P2OUT &= ~BIT7;	//P2.7; LED green on
				P1OUT &= ~BIT4;	//einschalten; Relais inaktiv (Öffner-Kontakt)

				if(timercount > timercount2)
```

```
                        //if ((timercount % Teiler) == 0)     //nur alle 864 Durchläufe ausführen
                        {
                                timervalue = timervalue-1;
                                TACCR0 = timervalue;
                                timercount2 = timercount + Teiler;
                        }
                }
            }
            else        //Test wurde betätigt
            {
                timercount = zeit-Minuten15;//15 min vor dem Reset
                timervalue = 1099;          //Blinkfrequenz passend kurz vor dem Reset
                __delay_cycles(2400000);    //Tastenprellen abwarten; 300ms
            }
            }
            else        //Feuchtesensor hat angesprochen
            {
                __delay_cycles(80000);      //10 ms warten //sicherstellen, dass es kein Störimpuls war
                if (flagwasseralarm > 9)    //sicherstellen, dass es kein Störimpuls war
                {
                        P2OUT |= BIT7;      //P2.7 High; LED green off
                        P1OUT |= BIT4;      //ausschalten; Relais aktiv (Öffner-Kontakt)
                        timercount = zeit+1;
                }
                else
                {
                        flagwasseralarm++; //sicherstellen, dass es kein Störimpuls war
                }
                P1OUT &= ~BIT0;             //P1.0; LED red on; Wasseralarm
            }
    }
}


#pragma vector=TIMERA1_VECTOR
__interrupt void TIMER_A(void)
{
        switch(TAIV)
        {
                case 2:                     //CCR1 not used
                        break;
                case 10:                    //jump vom 1 to 0
                        P2OUT ^= BIT6;      //P2.6; LED yellow
                        break;
        }
}


#pragma vector=PORT1_VECTOR
__interrupt void Port_1(void)         //wird alle 20ms ausgeführt; funktioniert noch bei alle 4ms (untere Test-Grenze)
{
        timercount++;
        P1IFG &= ~BIT1;               //Interrupt-Flag löschen
}
```

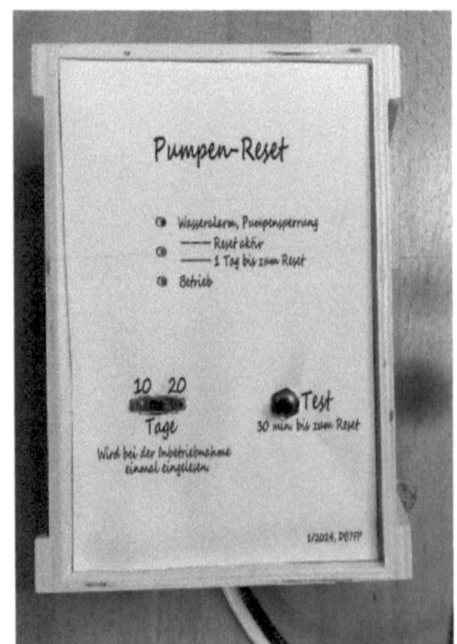

Bild 4.10: Das fertige Gerät, eingebaut in eine Holzbox aus dem 1-Euro-Laden.
Links: mit falscher Frontplatte - Bild 4.7 zeigt die richtige Frontplatte. Rechts: Blick in das Gerät.

5. Counter für Glaukom-Tropfen und Zähneputzens

Wer an Glaukom erkrankt ist muss in der Regel täglich die Augen mit einem Medikament tropfen [6]. Dieses soll den Augeninnendruck absenken. Nach dem eingeben des Tropfen müssen die Augen mit aufgelegten Zeigerfingern für die Dauer von zwei Minuten geschlossen gehalten werden [11].
Die Frage ist, wie lang sind zwei Minuten? Man könnte das Mobiltelefon nehmen und die Timer-App aufrufen, einstellen und starten. Weniger fummelig ist das hier vorgestellte Gerät. Es hat nur eine große, einfach zu bedienende Taste. Nach dem Drücken läuft ein Countdown. Alle 15 Sekunden gibt es einen kurzen Biepton. Dieser hat eine Frequenz von angenehmen $f = 440\ Hz$ und dauert *100 ms*. Ist eine Minute erreicht dauert der Ton *200 ms*. Nach Ablauf der zwei Minuten dauert der Ton *400 ms*. Anschließend geht das Gerät wieder in Warteposition.
Das Gerät eignet sich natürlich auch für die Kontrolle der Dauer des Zähneputzens. Zwei Minuten sollten es mindestens sein [7].

5.1 Die Schaltung

Die Schaltung ist übersichtlich (Bild 5.1). Es wird auch hier das in [1] vorgestellte "Spannungsüberwachungs-Modul" benutzt. Natürlich kann man die Schaltung auch ohne dieses Modul aufbauen. Genutzt wird der Mikrocontroller MSP430F2013. Diesen gibt es auch im DIL 14-Gehäuse. An P1.0 ist eine rote LED angeschlossen, die verwendet wird um eine leere Batterie zu signalisieren. An P2.6 ist eine gelbe LED angeschlossen um ein visuelles Feedback zu erhalten. Der Kondensator C1 (*10 nF*) dient zur Tastenentprellung. Ich habe ihn direkt auf das Spannungsüberwachungs-Modul aufgelötet (Bild 5.2). Für die Wiedergabe des Signaltons habe ich einen herkömmlichen 25-Ω-Kleinlautsprecher genutzt, den ich mal aus einem Altgerät ausgebaut hatte. Der Widerstand R1 ist vorgesehen, damit der Ausgangspin des Timers (P1.6) nicht vollständig überfordert ist. Die Lautstärke ist gering - aber ausreichend für das Augentropfen am Abend im ruhigen Badezimmer vor dem zu Bett gehen.

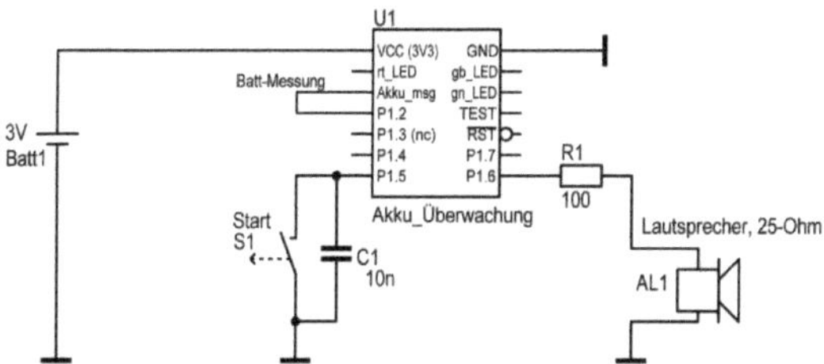

Bild 5.1: Schaltung des Glaucom-Tropfen-Count.

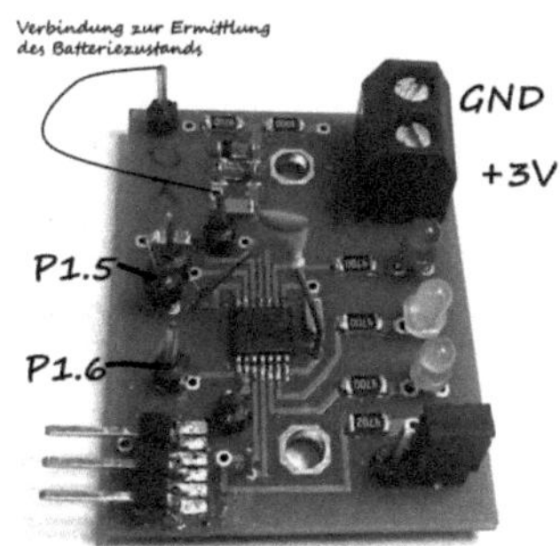

Bild 5.2: Platine "Spannungsüberwachung" aus [1] mit aufgelötetem Kondensator C1.
P1.5: Anschluss des Start-Tasters.
P1.6: Anschluss des 25-Ω-Lautsprechers (über einen 100-Ω-Widerstand).

Auf einen Ein-/Ausschalter konnte verzichtet werden. Die Mikrocontroller der Typenreihe MSP430 können in einen Ruhezustand versetzt werden, in dem sie sehr wenig Strom ziehen. Im vorliegenden Fall liegt der Betriebsstrom im Ruhezustand bei $I_B = 190\ \mu A$ (warten auf den Tastendruck). Sobald die Taste gedrückt wird "wacht" der Mikrocontroller auf und arbeitet das Programm einmal ab. Der Betriebsstrom ist dann etwa $I_B = 4{,}9\ mA$. Während des Beeptons ist er etwa $I_B = 11 mA$. Verwendet man Akkumulatoren des Typs eneloop von SANYO, mit einer Kapazität von *1800 mAh*, dann halten die voll geladenen Akkumulatoren (Selbstentladung berücksichtigt mit Hilfe von [4]):

$$Tage = \frac{C_{Nennwert} - C_{Selbstentladung}}{I_B \cdot 24h} = \frac{1{,}8\,Ah - (1{,}8\,Ah \cdot 0{,}14)}{190 \cdot 10^{-6}\,A \cdot 24\,h} \approx 339\,Tage$$

Akkumulatoren müssen überwacht werden, damit sie keinen Schaden nehmen. Auch dies macht der Mikrocontroller. Über P1.2 wird die Betriebsspannung nach jedem Beep auf den Messeingang der Platine Spannungsüberwachung geschaltet. Die herzustellende Verbindung ist im Bild 5.2 eingezeichnet. Der Spannungswert wird vom ADU im Mikrocontroller gemessen. Bei zu kleiner Spannung (Akkumulator ist leer) leuchtet die rote LED. Man sollte die Akkumulatoren dann zügig gegen frisch geladene austauschen. Bei der Messung wird der Akkumulator mit einem Strom belastet von

$$I = \frac{U_{batt}}{R1 + R2} = \frac{3V}{820\,\Omega + 100\,\Omega} \approx 3{,}3\,mA$$

Die Widerstandwerte für R1 und R2 habe ich aus [1]. Es sind die Widerstände des Spannungsteilers, auf den der Anschluss *„Akku_msg"* (Bild 5.1) führt. Angenommen habe ich $U_{batt} = 3\ V$ - das ist der Grenzwert. Ist die Spannung kleiner kann angenommen werden, dass die Entladeschlussspannung erreicht ist. Die sehr geringe Belastung durch den Mikrocontroller habe ich nicht berücksichtigt.

Das Aufmacherbild sowie Bild 5.3 zeigen das fertige Gerät. Bei dem Gehäuse handelt es sich um eine kleine Holzbox aus dem Alsdorfer 1-Euro-Laden. Ich habe den Boden als Frontplatte verwendet.

Bild 5.3a: Gerät von vorne. Die Skalierung an der Taste ist nur zur Dekoration.

Bild 5.3b: Rückseite des Gerätes.

Die rote und gelbe LED der Platine „Spannungsüberwachung" habe ich ausgelötet, auf die Frontplatte geklebt und mit Leitungen verbunden.

5.2 Mikrocontroller-Programm

Der auszugebende Beepton soll angenehm für das Ohr sein. Deshalb habe ich mich für den 440-Hz-Kammerton entschieden. Der Mikrocontroller arbeitet mit einer Taktfrequenz von $f_T = 1\ MHz$. Entsprechend ist die Periodendauer $T = 1\ \mu s$. Die Periodendauer beim 440-Hz-Ton ist

$$T_{440}=\frac{1}{440\,Hz}\approx 2{,}273\,ms=2273\,\mu s$$

Entsprechend also 2273 Taktzyklen. Der im Mikrocontroller integrierte Timer zählt mit der Taktfrequenz von 1 MHz bis 2273 und beginnt dann wieder von vorne. Bei jedem Beginn wird P1.6 auf logisch High (3V) gesetzt. Beim Erreichen der Hälfte der Taktzyklen (1136) wird er auf logisch Low (GND) gesetzt. Somit erhält man an P1.6 das Signal aus Bild 5.4.

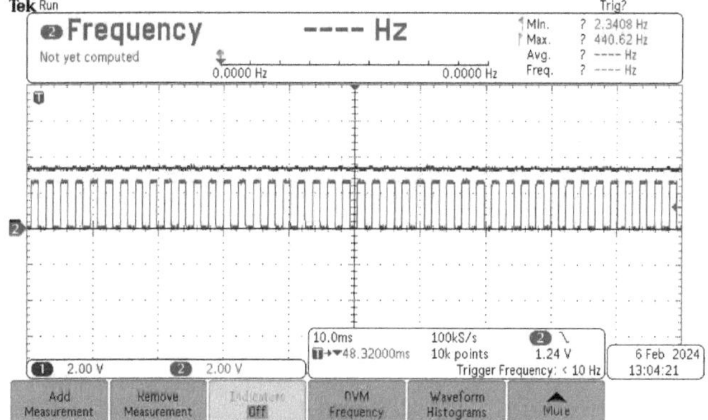

Bild 5.4: Die rote Kurve zeigt das Signal an P1.6 (Timer-Ausgang im Betrieb). Oben rechts sieht man dass die gewünschten 440 Hz sehr gut erreicht werden. Das Oszilloskop hatte etwas Schwierigkeiten die Frequenz zu messen, da das Signal nur kurzzeitig (100 ms .... 400 ms) ausgegeben wird.

Da es sich um ein rechteckförmiges Signal handelt, enthält der Ton auch noch ungradzahlige Vielfache der Grundfrequenz (*1f, 3f, 5f,* .....) mit abnehmender Amplitude. Das macht den Ton prägnant und gut hörbar.

Die Indikator-LED (gelb) leuchtet parallel zum Beepton.

```
//Zwei-Minuten-Count-Down
//Nach jeweils 15 Sekunden wird ein kurzer Beepton (100ms) ausgesendet.
//Der vierte Beepton ist doppelt so lang.
//Der achte Beepton ist viermal so lang.
//12. Februar 2024, DB7FP
#include <msp430f2013.h>
void beep100(void);
unsigned int battery;
const unsigned int Ubattmin = 32003;

void main(void) {
    WDTCTL = WDTPW | WDTHOLD;         // Stop watchdog timer
    BCSCTL1 = CALBC1_1MHZ;  //SMCLK ist 1 MHz
    DCOCTL  = CALDCO_1MHZ;  //use internal DCO

    P2DIR = 0;              //P2 alles Eingänge
    P2SEL = 0;              //P2 als normale I/O
    P2DIR |= BIT6;          //LED gelb
    P2OUT |= BIT6;          //gelb aus
    P2DIR |= BIT7;          //LED grün
    P2OUT |= BIT7;          //grün aus

    P2OUT &= ~BIT6;         //gelbe LED an; für visuelles feedback

    //rote LED für Akku leer
    P1DIR |= BIT0;          //LED rot
    P1OUT |= BIT0;          //LED rot aus
    P1DIR |= BIT2;          //Ausgabe der Betriebsspannung
    P1OUT &= ~BIT2;         //Ausgang auf GND

    //Timer zur Erzeugung des Tons
    P1DIR |= BIT6;          //P1.6 als Ausgang
    P1SEL |= BIT6;          //P1.6 als Timer-Ausgang
    TACTL = TASSEL_2;       //Takt ist SMCLK
    TACTL |= ID_0;          //Takt wird durch 1 geteilt
```

```
    TACTL |= MC_1;          //zählt bis TACCR0
    TACCTL1 |= OUTMOD_7;    //Reset-Set
    TACCR0 = 2273;          //2,273 ms bei 1MHz; entsprechend 440Hz
    TACCR1 = 1136;          //Pulsweite 50% (ungefähr)
    TACCR0 = 0;             //Timer aus

    //Initialisierung ADC (A4; P1.1)
    P1DIR &= ~BIT1;                  //P1.1 input (battery)
    SD16AE = SD16AE1;                //input via P1.1
    SD16INCTL0  = SD16INCH_4;        //input via A4+; A4- intern auf GND
    SD16CTL    |= SD16SSEL_1;        //Clock für den ADC is SMCLK
    SD16CTL    |= SD16DIV_0;         //1MHz/1 = 1MHz
    SD16CTL    |= SD16REFON;         //Interne Referenzspannung von 1,2V wird benutzt
    SD16CCTL0 |= SD16SNGL;           //Single-Mode; each time only one conversion
    SD16CCTL0 &= ~SD16IE;            //Interrupt not aktiv
    SD16CCTL0 |= SD16UNI;            //number range is 0 bis FFFF
    SD16CCTL0 &= ~SD16XOSR;          //Oversampling; length of the filter
    SD16CCTL0 |= SD16OSR_32;         //sampling rate = ADUclock/32; 32µs per conversation

    //P1.5 als Eingang für den Stat-Taster
    P1DIR &= ~BIT5;         //P1.5 als Eingang
    P1REN |= BIT5;          //Widerstände aktivieren
    P1OUT |= BIT5;          //PullUp-Widerstand aktiv
    __delay_cycles(100000); //100ms warten damit der Kondensator aufgeladen ist
    P1IES |= BIT5;          //Wechsel von High-nach-Low löst aus
    P1IE |=  BIT5;          //IRQ einschalten
    P1IFG &= ~BIT5;         //vorsichtshalber IFG löschen

    P2OUT |= BIT6;          //gelbe LED aus

    _bis_SR_register(LPM4_bits + GIE);       //LPM4
}


#pragma vector=PORT1_VECTOR
__interrupt void Port_1(void)
{   P1OUT |= BIT2;                   //Batteriespannung zur Messung aufschalten
    beep100();
    __delay_cycles(14900000);        //warten bis 15s vorbei sind; 15s
    beep100();
    __delay_cycles(14900000);        //warten bis 15s vorbei sind; 30s
    beep100();
    __delay_cycles(14900000);        //warten bis 15s vorbei sind; 45s
    beep100();
    __delay_cycles(14900000);        //warten bis 15s vorbei sind; 60s
    beep100();
    beep100();
    __delay_cycles(14800000);        //warten bis 15s vorbei sind; 75s
    beep100();
    __delay_cycles(14900000);        //warten bis 15s vorbei sind; 90s
    beep100();
    __delay_cycles(14900000);        //warten bis 15s vorbei sind; 105s
    beep100();
    __delay_cycles(14900000);        //warten bis 15s vorbei sind; 120s
    beep100();
    beep100();
    beep100();
    beep100();
    P1OUT |= BIT0;                   //Akku-LED rot aus
    P1OUT &= ~BIT2;                  //Batteriespannung zur Messung abschalten
    P1IFG &= ~BIT5;                  //Interrupt-Flag zurücksetzen
}



void beep100()                       //beep for 100ms
{
    TACCR0 = 2273;                   //2,273 ms bei 1MHz; entsprechend 440Hz
    P2OUT &= ~BIT6;                  //LED gelb an
    __delay_cycles(100000);          //100ms warten beep
    TACCR0 = 0;                      //Timer aus
    P2OUT |= BIT6;                   //LED gelb aus

    SD16CCTL0 &= ~ SD16IFG;           //clear ADC Flag
    SD16CCTL0 |= SD16SC;              //AD Wandler starten
    while (!(SD16CCTL0 & SD16IFG));  //AD Wandlung fertig ?
    battery = SD16MEM0;              //neuen Wert zur Prüfung

    if (battery < Ubattmin)          //3V an der Batterie
    {
        P1OUT &= ~BIT0;              //Akku leer; LED rot an
    }
    else
    {
        P1OUT |= BIT0;               //Akku ok; LED rot aus
    }
}
```

6. Bibliographie/Quellverzeichnis

[1] Zantis, F.P. "Stromversorgung ohne Stress, Band II: Applikationen und Bauanleitungen"
Elektor Verlag Aachen, 2018, ISBN 978-3-89576-331-1

[2] Machon, (Hrsg). "Tabellenbuch Elektrotechnik/Elektronik"
Bildungsverlag EINS Köln, 2020, ISBN 978-3-42753-030-5

[3] Zantis, F.P. "Mikrocontroller für Maker und Funkamateure"
Skript zum Bildungsurlaub der Volkshochschule Köln
GRIN-Verlag, 2023, ISBN 978-3-34600-337-9, ISBN 978-3-34600-336-2 eBook

[4] SANYO "Test: Sanyo Eneloop AA (HR-3UTGB)"
https://mobilepowertest.de/test-sanyo-eneloop-aa-hr-3utgb
Zugriff am 16. Februar 2024

[5] Wikipedia "LED-Leuchtmittel"
https://de.wikipedia.org/wiki/LED-Leuchtmittel, Zugriff am 24. Juni 2024

[6] Wikipedia "Glaukom"
https://de.wikipedia.org/wiki/Glaukom, Zugriff am 24. Juni 2024

[7] SWR Wissen "Viele putzen sich die Zähne falsch"
https://www.swr.de/wissen/neue-studien-so-viele-putzen-sich-die-zaehne-falsch-100.html
Zugriff am 24. Juni 2024

[8] Zantis, F.P. "Stromversorgung ohne Stress, Band I: Grundlagen"
Elektor Verlag Aachen, 2011, ISBN 978-3-89576-248-2

[9] reichelt elektronik "Zeitschalter", Suchergebnis
https://www.reichelt.de/index.html?ACTION=446&LA=0&nbc=1&q=zeitschalter
Zugriff am 24. Juni 2024

[10] Dr. Gobmaier GmbH "Messung der Netzfrequenz"
https://www.netzfrequenzmessung.de/, Zugriff am 24. Juni 2024

[11] gesundheitsinformation.de "Augentropfen richtig anwenden"
https://www.gesundheitsinformation.de/augentropfen-richtig-anwenden.html
Zugriff am 24. Juni 2024

7. Abbildungsverzeichnis

Alle Fotos, Zeichnungen und sonstige Abbildung wurden vom Autor persönlich erstellt.